Cannelés
de
Bordeaux

可露麗

誕生於法國的天使之鈴

熊谷真由美

外層酥脆，內部柔軟，
誕生於法國波爾多的小點心

法國甜點的研究從「可露麗」開始

距今約二十多年前，我前往巴黎留學。在法國藍帶廚藝學院取得文憑後，於米其林餐廳La Table d'Anvers累積點心與料理的製作經驗。當時，只要一有空閒，就會到烘焙用品專賣街購買工具，並到處品嚐巴黎名店。

某天，由學校學生和前來法國實習的甜點師們帶來各家店鋪的甜點，舉辦試吃和研究大會，我才發現可露麗竟如此美味。在學校沒學過可露麗，也沒在巴黎的甜點店看過，因此讓我相當感興趣。

於是我立即動身前往位於瑪德蓮廣場的FAUCHON。然而，從紙袋中滾出的可露麗渾身漆黑，一點也誘發不了食欲。我戰戰兢兢地品嚐一口，那如布丁焦糖般的外層竟是如此酥脆！內部彈牙的口感，搭配上卡士達醬的風味，我深深為這道美味的甜點所著迷。

可露麗是源自波爾多地區的傳統點心，當時還不為巴黎人所熟悉。後來，我在巴黎的料理書籍專賣店中尋找製作可露麗的食譜書，並於MORA（巴黎知名的烘焙材料行）內購買六個單價2,000日圓的可露麗烤模，帶回了日本。

回日本後，想在自家烤箱重現可露麗的迷人風味，於是一邊逐句翻譯法文，一邊試作。其所需的材料和卡士達醬十分相似，我依照食譜的敘述，將材料攪拌後，送入烤箱烘烤。那是我第一次依照原文書的內容製作法式甜點。應該完成了吧？往烤箱裡一瞧，看到的卻是……跑出烤模的麻糬？麵糊居然沿著烤模往上爬，導致大半皆裸露於烤模外。明明材料和作法都很簡單，為什麼還會失敗呢？於是我重新仔細地翻查了法文食譜，這才驚覺裡面有「要將麵糊靜置一晚」這個步驟。因想要早點完成，而著急地送進烤箱正是失敗的原因。

當我能獨自烤出香氣四溢的原味可露麗之後，便想將自己烘烤的可露麗和正統的可露麗作比較。無論是傳統甜點或當地料理皆是初次研究的我，首先前往法國波爾多，走一趟尋訪正宗可露麗之旅（雖然也沒忘記順道繞去酒莊）。在那邊找到了位於波爾多車站附近、以餐車販售的可露麗。餐車可露麗的內部略帶空洞，但口感彈牙。

現今，巴黎也開設了波爾多可露麗的專賣店，這樣可口的點心在巴黎人之間吹起了一陣風潮，真令人開心。每次去法國都會品嚐不少可露麗，但我所製作的可露麗才是正宗的波爾多風味，請務必試著製作並品嚐看看吧！

熊谷真由美

Cannelé de Bordeaux

可露麗是位於法國西南部波爾多地區的傳統點心，正式的名稱是**Cannelé de Bordeaux**。**Cannelé**指的是溝槽紋路，據說由於烤模上有縱向的溝槽而得名。

可露麗最初是由波爾多當地的修道院所製作，然而一提到波爾多，大多數人多半聯想到「紅酒」。為了提昇當地紅酒品質，會進行名為澄清（collage）的手續。這道程序是指紅酒在木桶中進行熟成的最後階段時，必須加入蛋白，利用其黏著力取出雜質，藉以過濾紅酒。所以紅酒王國波爾多每年都需要用掉大量的蛋白，因而遺留下不少的蛋黃。據說可露麗就是為了消耗這些蛋黃所發明的點心。

Cannelé de Bordeaux是將牛奶、蛋、砂糖、麵粉、奶油和蘭姆酒製作的麵糊靜置半天左右，再倒入塗有蜂蠟的可露麗烤模烘烤而成。由於使用高溫烘烤，表皮帶有酥脆感，且內部會呈現散發著卡士達醬與蘭姆酒香氣的彈牙口感。

現今，在波爾多成立了「可露麗協會」，繼續守護著這道傳統點心。

以特殊烤模烘烤而成的可露麗，
外層十分酥脆！

內部輕盈柔軟！
還帶著蘭姆酒和香草的香氣⋯⋯

Table des matières （目錄）

主要材料……10
主要用具……12

Leçon 1　基本款可露麗

一起來學可露麗的基礎作法吧！……14
各種可露麗烤模……15
來製作可露麗麵糊吧！……16
準備烤模……18
放入烤箱烘烤吧！……19
可露麗製作Q&A……20

Leçon 2　經典款可露麗

巧克力可露麗……22
紅茶可露麗……24
咖啡可露麗……25
牛奶糖可露麗……26
蘭姆葡萄可露麗……28
橘子可露麗……29
可可碎粒可露麗……30
楓糖可露麗……32
米香可露麗……33
藍莓可露麗……34
（克拉芙緹clafoutis）

Leçon 3　裝飾款可露麗

檸檬優格可露麗……38
杏桃可露麗……38
蘋果肉桂可露麗……40
巧克力淋面可露麗……42
東加豆可露麗……44
覆盆子可露麗……45
杏仁可露麗……46
開心果可露麗……48
雙層可露麗……50
黃檸檬可露麗……52
藥膳可露麗……54
椰子可露麗……55
棒棒糖風可露麗……56

Leçon 4　和風款可露麗

抹茶紅豆可露麗……60

豆漿可露麗……62

甘酒可露麗……63

紅豆可露麗……64

米粉可露麗……65

櫻花風味可露麗……66

黑豆可露麗……68

黑芝麻可露麗……68

生薑柳橙可露麗……70

梅子可露麗……72

南瓜可露麗……73

黑糖核桃可露麗……74

栗子可露麗……75

Leçon 5　鹹味款可露麗

鮪魚可露麗……78

香料可露麗……80

培根可露麗……80

起司可露麗……82

橄欖可露麗……83

毛豆&奶油起司可露麗……84

玉米可露麗……86

洛克福起司和無花果可露麗……87

蕃茄可露麗……88

胡蘿蔔可露麗……89

來包裝看看吧！……90

Column

①牛奶寒天……36

②中空巧克力……58

③夏洛特……76

本書的標準規格

●本書中所使用的可露麗烤模尺寸：大＝直徑53mm、小＝直徑46mm。
矽膠模尺寸：大＝直徑55mm、中＝直徑45mm、小＝直徑35mm。
就算尺寸略有不同也能以相同的方式製作。

●1大匙是15ml、1小匙是5ml。

●微波加熱時間以600W為基準。使用500W時，則需要600W的1.2倍加熱時
間。請配合使用的微波爐進行調整。

●本書使用的是電烤箱。

主要材料

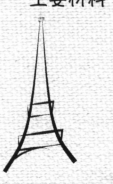

紅豆粉
將紅豆乾燥磨碎成細緻粉末狀。由於容易溶解，細小的顆粒可添加於和菓子與西點中。

杏仁霜
使用杏仁（杏桃種子）的粉末，能輕鬆製作「杏仁豆腐」。香氣高雅且營養豐富。

可可粉
可可膏榨出可可脂後，呈現細碎的粉狀物。可加入各種麵糊中使用。

輕鬆調溫素
可讓巧克力調溫步驟變得更簡單的粉狀替代油脂。

糖粉
將精製細砂糖磨碎成細緻粉末狀。常被使用於甜點裝飾及作為糖霜的材料。

椰絲
將椰子果肉削下乾燥後，切成細長狀。可享受甜美的椰子香氣和口感。

杏仁片
普遍接受度高的杏仁風味與細緻的口感為其特點。常使用於甜點和麵包的表層裝飾。

開心果
剝殼去皮的開心果。呈現鮮豔的綠色，常用來裝飾甜點。

枸杞子
將枸杞果實乾燥而成的產物，帶有獨特的甘甜與風味。富含有益美容與健康的營養素。

無花果乾
由無花果乾燥後製作而成。切面呈可愛的顆粒狀，常被使用於裝飾蛋糕。

糖漬橙皮
柳橙皮的砂糖醃漬品。微苦的風味與香氣十分清爽，可加入蛋糕麵糊中或作為裝飾使用。

糖漬柚子皮
柚子皮的砂糖醃漬品。能享受柚子原有的清爽風味與香氣，可加入蛋糕或馬芬的麵糊中。

覆盆子
樹莓的一種，也稱作覆盆莓。帶有特色的酸甜滋味很受歡迎，可作成果醬或用來裝飾冷藏甜點。

藍莓
藍色的果實被稱作「森林裡的藍寶石」，酸甜滋味廣受眾人喜愛，可使用於製作烘烤類點心和果醬等方面。

洛克福起司
藍黴起司的代表，白色起司和藍黴所形成的大理石花紋相當美麗。味道帶有微辣的刺激感與奶香。

蜂蠟
由蜜蜂體內製造的天然蠟質，是作出正統可露麗所不可欠缺的要素，也常被當成化妝品原料。

開心果醬
膏狀開心果的味道十分濃郁，可用來拌入奶油餡、冰淇淋或製作烘烤類點心。

肉桂粉
將肉桂樹皮乾燥後製作而成的粉狀物。特有的甜美香氣和蘋果是絕妙搭配，常被用於烘烤類點心中。

肉桂棒
將肉桂樹皮捲起後形成的棒狀物。帶有清爽的香氣和微辣感，可替紅茶增添香氣。

可可碎粒
將可可豆炒熟並打碎的產物，含有驚人的高營養價值，因此也被稱為超級食物。

苦甜巧克力
使用可可膏、可可脂及糖分一同製作而成。最能直接品嚐到可可豆的原味。

白巧克力
由可可脂、糖分和乳品製作而成。美麗的光澤、雪白的顏色和良好的化口度是其主要特色。

巧克力轉印紙
倒上已調溫的巧克力，就能在表面作出繽紛圖案的裝飾用紙。

楓糖漿
是將糖楓等楓樹的樹液濃縮而成的天然甜味劑。分為淡色、中等、琥珀等種類。

甘酒
以酒粕和米麴為原料的日本傳統甜味飲品。帶有自然濃郁的甜味，被稱為「喝的點滴」。

椰奶
刮下椰子內部的胚乳部分壓榨製作而成。帶有柔和的風味，常使用於甜點和料理中。

蘭姆酒
以甘蔗為原料的蒸餾酒。和葡萄乾及栗子的味道很相配，常使用於替各種甜點增添香氣。

鹽漬櫻花
在八重櫻中加入食鹽和梅醋後製作而成。使用前須先泡水去除鹽分。除了使用於和菓子之外，也可放入料理中。

迷迭香
帶有獨特狂野的香氣，非常適合肉類料理或馬鈴薯等蔬菜料理。也常使用於烘烤類點心中。

細葉芹
淡綠色的葉子，帶有少許的甜味和清爽的香氣。可使用於湯品、料理和蛋糕的裝飾上。

百里香
帶有麻辣的刺激性香氣，能消除肉類和海鮮的腥味。可作成香草束，使用於湯品及燉煮料理中。

主要用具

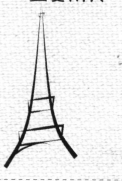

量匙
準備1支大匙（15ml）和1支小匙（5ml）即可。測量粉類時，請將表面抹平。

量杯
由於要測量液體，建議選用容易觀看刻度的透明款式。耐熱玻璃材質的種類可直接微波，非常方便。

秤
以1g為單位，最大能測量至1kg的電子款較便於使用。建議選擇擁有將容器重量歸零功能的類型。

抹刀
在蛋糕表面塗抹果醬、奶油霜，或抹平麵糊時使用。建議選擇具有彈性的不鏽鋼製品。

橡皮刮刀
用來混合材料和麵糊、入模或取下附著於調理盆內部的麵糊時。建議選擇耐熱款式。

打蛋器
用於鮮奶油或蛋白等食材的打發，及混合材料時。建議選擇鐵線部分較有弧度的類型。

茶篩
過濾綠茶或紅茶的工具。製作烘烤類點心時，過篩少量粉類、撒糖粉、瀝除少量材料的水分或當成過濾器使用都很方便。

湯杓
側邊帶有注入口，因此於可露麗模等小型烤模中倒入麵糊時相當好用。由於易注入，能減少麵糊的溢出。

調理盆
主要使用於混合麵糊或揉捏麵團時。有不鏽鋼製或玻璃製等款式，準備幾個大小不同的款式，使用起來較為方便。

刷子
於甜點及麵包表面塗抹蛋液或糖漿時使用，可為其表面增添光澤。亦可用來清除多餘的手粉。

烘焙紙
塗抹蜂蠟時，若能事先鋪上烘焙紙，後續的清理就會很輕鬆。也便於倒上巧克力，使其凝固。亦能使用於製作烘烤類點心或蒸點心。

擠花袋與花嘴
用於擠入蛋糕麵糊或奶油餡時，須裝上花嘴後再使用。推薦選擇防水布材質的款式。

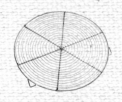

冷卻架（網架）
可放置出爐的點心與麵包使其冷卻，或用來乾燥以巧克力裝飾的點心。

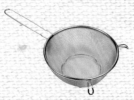

篩網
使用於過篩粉類、過濾果醬、果泥或蛋液，及製作蔬菜泥。

基本款可露麗

留學時，我在巴黎認識了美味的可露麗。回國後，為了重現當時的可露麗風味，反覆地進行嘗試，盡可能作出美味精緻的成品。後來還忍不住將自己製作的可露麗和傳統可露麗相較。不僅止於波爾多，只要去法國一定會作相關的品嚐與研究。請享受這正統的波爾多風味吧！

一起來學可露麗的基礎作法吧！

　　基本款可露麗的材料是砂糖、低筋麵粉、牛奶、蛋、奶油、蘭姆酒及香草，事前的也準備相當地簡單（參照P.16），是一款能直接傳遞素材原味的點心。若稍微提昇用料等級，就能享受到更高層次的風味和香氣。此外，依據烤模、溫度和烘焙時間的不同，在味道與成色上也會出現差異。首先就以正統的食譜，學習可露麗的基礎作法吧！

各種可露麗烤模

「可露麗」在法文中是「帶有溝槽」的意思，據說這道甜點名稱的由來乃是源自於其烤模特色。依照其特殊形狀所鑄造的烤模有銅製、矽膠製、不鏽鋼製及在鐵上進行不沾加工的金屬製。使用蜂蠟的正統可露麗是以銅製烤模製作而成，若使用奶油則建議選擇銅製、不鏽鋼製和不沾加工的金屬製品。將麵糊煮過後再烘烤的白色可露麗則以矽膠烤模製作最為適合。

銅製小（直徑46mm×高45mm）
銅製大（直徑53mm×高50mm）
加高款（直徑53mm×高58mm）

銅製

若以焦香烤色且烤製酥脆的正統可露麗作為目標，建議使用銅模。由於導熱性佳，能均勻受熱，容易烤出漂亮的烤色。增高型烤模亦相當受到歡迎，受到「難以作出想要的高度」、「希望出爐的可露麗能再高一點」這類的聲浪刺激，進而誕生的款式。第一次使用時，可抹上一層薄薄的油脂，再放入烤箱中，以180℃至200℃的溫度烘烤約15分鐘進行養模，麵糊就不容易沾粘烤模。

Silikomart Siliconflex 中型可露麗烤模

（15連模、整體175mm×300mm，單個為直徑45mm×高45mm）

容易操作的矽膠模，不僅柔軟好脫模，也可以剪成單模使用。用於製作鹹食款和白色款可露麗時相當方便。

在本書中除了使用這種中尺寸之外，也使用大尺寸（整體175mm×300mm、單個直徑55mm×高50mm）和小尺寸（整體175mm×300mm、單個直徑35mm×高35mm）。

不鏽鋼製（直徑54mm×高49mm）

導熱性佳，且烤色美麗。由於不易生鏽，也能使用於製作冷藏點心上。

不沾加工材質（直徑55mm×高55mm）

在TinFree Steel（鐵）外層進行不沾加工的樣式。容易脫模，具耐久性，但不建議製作使用蜂蠟的可露麗。

★可露麗烤模提供／淺井商店　請參考P.96。

來製作可露麗麵糊吧！

麵糊完成後需在冰箱裡靜置八小時以上。請耐心等待，務必讓麵糊靜置。

若忽略此步驟在烘烤時麵糊就會溢出，導致製作失敗。

※麵糊因為烘烤溫度不同的差異，視情況省略靜置八小時的步驟（例如：P.45覆
　盆子可露麗），請依書中食譜步驟所示進行製作即可。

基本材料

可露麗的材料非常簡單，使用家中現有的材料即可製作。由於是能充分展現素材味道
的點心，選用比平時優質的材料或許能帶來更美好的風味。

材料（大可露麗烤模6個份）

香草莢……1支　牛奶……250ml　奶油……10g　蛋……1顆

精製細砂糖……50g　低筋麵粉……50g　蘭姆酒……1大匙

注：使用常溫蛋。從冰箱中拿出來的蛋，
　　需回溫後再使用。

麵糊作法

事前準備
○ 低筋麵粉事前過篩備用。

1

將香草莢縱向剖半,取出香草
籽。

2

在鍋中倒入牛奶,將香草籽連同
香草莢一起加入。

3

放入奶油,加熱至接近沸騰,接
著直接放置冷卻。

4

取出香草莢。

5

在調理盆中加入精製細砂糖,接著
放入蛋,並以打蛋器充分混合。

6

倒入事先過篩好的低筋麵粉,輕
輕地攪拌使麵糊無結塊。

7

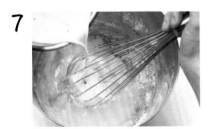

將4慢慢地加入並充分混合。

8

以篩網過篩。

9

覆蓋保鮮膜,再放入冰箱中靜置
8小時以上。蘭姆酒在烘烤之前
加入。

來準備烤模！

於此介紹在烤模內塗上蜂蠟烤製的正統作法，及塗抹奶油烘烤的作法。
蜂蠟可在烘焙材料行購入。

使用蜂蠟的作法

要剝除飛濺的蜂蠟相當麻煩，因此先鋪上烘焙紙後再進行吧！請戴上手套後再拿取加熱過的罐子或烤模。可露麗烤模也先以烤箱加熱吧！（可避免蜂蠟層過厚）

1

在空罐中放入適量的蜂蠟。
※清理蜂蠟相當麻煩，但只要利用空罐就能省去清洗的程序，十分便利。

2

將1直接放在火上烘烤，使其完全融化。也可以利用隔水加熱的方式進行。

3

短時間內就會融化完畢。（為避免燙傷，拿取罐子時請務必戴上手套。）

4

在事先預熱的烤模中倒入3的蜂蠟至烤模的開口為止，一口氣裝滿烤模後，立即再倒回罐中。

5

迅速倒扣烤模，讓多餘的蜂蠟滴落（為避免燙傷，拿取時請務必戴上手套）。

6

接著剝除沾覆在烤模邊緣的多餘蜂蠟。
※多餘的蜂蠟若是在烘焙紙上冷卻凝固，即可重複利用。

使用奶油的作法

先讓奶油在室溫中回溫軟化，並準備好刷子。

1

在調理盆中放入奶油，以刷子輕輕地混合至變成霜狀。

2

以刷子仔細地在烤模中塗上厚厚一層1的奶油。

以烤箱烘烤吧！

烤箱先預熱至210℃吧！

1

將事先放在冰箱內靜置的麵糊移至常溫中回溫，再加入蘭姆酒，並將整體混合均勻。

2

將1的麵糊倒入烤模中約9分滿。烤模之間請保持距離，再放入烤箱中，以210℃烘烤約50分鐘。

3

烘烤過程中，若呈現快要燒焦的狀態，請從上方覆蓋鋁箔紙。

4

當麵糊表面呈深咖啡色時，即可從烤箱中移至網架上（為避免燙傷，拿取烤模時請務必戴上手套。）

5

請確實烘烤至輕敲可露麗的表面，能發出叩叩的聲響為止。

6

出爐後立即脫模，並放在網架上散熱。

可露麗製作Q&A

Q1 烘烤時麵糊從烤模中溢出，導致出爐時成形不佳的原因為何？

A 能推測出兩個原因。第一個原因是在製作麵糊時，雖然牛奶加熱至即將沸騰的程度，但溫度卻稍嫌不足。第二個原因則是由於麵糊沒有靜置八個小時以上。

Q2 無法讓可露麗順利脫模！

A 當烤模內側的奶油塗抹太少，或蜂蠟沒有均勻覆蓋時，就會無法順利脫模。

Q3 要如何巧妙地運用矽膠烤模？

A 雖然矽膠烤模有很難上色的缺點，但在製作白色款可露麗時相當好用。若將烤模逐一切開使用，想烘烤少量可露麗或脫模時都很方便。

Q4 請告訴我可露麗的保存方式和食用方式！

A 等可露麗降溫後，再放入收納袋中密封保存即可。若是當天食用，可直接放入冰箱保存；倘若不是當天食用，則建議使用夾鏈袋裝起封口後，再放入冷凍保存。以牛奶罐製作的盒子取代收納袋保存也相當方便。食用時，待自然解凍後，以鋁箔紙包覆可露麗，再放入小烤箱中，烘烤至呈酥脆狀即可。白色款可露麗則請盡量在出爐當天食用完畢。

經典款可露麗

我認為可露麗最大的魅力在於表面酥脆、內部卻
柔軟彈牙的反差口感。以下將保留傳統可露麗的
優點,並加入咖啡、紅茶、巧克力或水果等食
材,作創意變化。本書的可露麗皆可同時滿足視
覺與味覺,作法也很簡單。

巧克力可露麗

巧克力與蘭姆酒的絕妙搭配

材料（大可露麗烤模4個份）

牛奶……250ml

奶油……10g

片裝巧克力……20g

精製細砂糖……50g

蛋……1顆

低筋麵粉……50g

可可粉……5g

蘭姆酒……1大匙

裝飾用

片裝巧克力……30g

沙拉油……1大匙

蜂蠟或奶油……適量

事前準備

○ 將低筋麵粉與可可粉混合過篩備用。

○ 在麵糊回復至室溫前，將烤箱預熱至210℃。

作法

1　將牛奶、奶油和片裝巧克力一同放入鍋中，加熱至即將沸騰後，直接靜置冷卻。

2　在調理盆中放入精製細砂糖，加入蛋後以打蛋器充分攪拌，再倒入事先過篩好的粉類，輕輕地混合。

3　慢慢加入1混合，並以篩網過篩。

4　覆蓋保鮮膜後，放入冰箱靜置8個小時以上。

5　在烤模中塗上一層厚厚的奶油。或融化蜂蠟，倒入烤模後再倒置。

6　將蘭姆酒加入已回溫的4的麵糊中混合均勻。

7　將6倒入烤模至約9分滿，再放入烤箱中，以210℃烘烤約50分鐘，請確實烘烤至呈現焦茶色；輕敲時會發出叩叩聲響為止。

8　出爐後立即脫模，並放置於網架上散熱。

9　將裝飾用片裝巧克力微波加熱30秒（a），再加入沙拉油混合（b），最後倒入可露麗的凹陷處內即完成。

a

b

紅茶可露麗
散發出淡淡的高雅紅茶香

材料（小可露麗烤模6個份）

熱水……50ml
紅茶茶包……1包
牛奶……200ml
奶油……10g
肉桂粉……2小撮
精製細砂糖……50g
蛋……1顆
低筋麵粉……50g
蘭姆酒……1大匙
裝飾用
糖粉……適量
肉桂棒……適量
蜂蠟或奶油……適量

事前準備

○ 將低筋麵粉過篩備用。

○ 在麵糊回復至室溫前，將烤箱預熱至210℃。

作法

1　在鍋中放入熱水和紅茶包後，浸泡10分鐘。

2　在1中加入牛奶、奶油及肉桂粉，加熱至即將沸騰後，靜置冷卻。從茶包內取出½小匙的茶葉混合，並去除剩餘茶葉。

3　在調理盆中放入精製細砂糖，加入蛋後以打蛋器充分攪拌，再倒入事先過篩好的低筋麵粉，輕輕地混合。

4　慢慢加入2混合，並以篩網過篩。

5　覆蓋保鮮膜後，放入冰箱靜置8個小時以上。

6　在烤模中塗上一層厚厚的奶油。或融化蜂蠟，倒入烤模後再倒置。

7　將蘭姆酒加入已回溫的5的麵糊中混合均勻。

8　將7倒入烤模至約9分滿，再放入烤箱中，以210℃烘烤約50分鐘，請確實烘烤至呈現焦茶色；輕敲時會發出叩叩聲響為止。出爐後立即脫模，並放置於網架上散熱。

9　由上方撒上糖粉，再加上肉桂棒即完成。

咖啡可露麗

微苦的風味讓人念念不忘

材料（大可露麗烤模4個份）

牛奶……200ml

奶油……10g

即溶咖啡……1大匙

精製細砂糖……50g

蛋……1顆

低筋麵粉……50g

蘭姆酒……1大匙

煉乳……50ml

裝飾用

┌ 煉乳……適量

└ 咖啡豆巧克力……4顆

蜂蠟或奶油……適量

事前準備

○ 將低筋麵粉過篩備用。

○ 在麵糊回復至室溫前，將烤箱預熱至210℃。

作法

1　將牛奶、奶油和即溶咖啡一同放入鍋中，加熱至即將沸騰後，靜置冷卻。

2　在調理盆中放入精製細砂糖，加入蛋後以打蛋器充分攪拌，再倒入事先過篩好的低筋麵粉，輕輕混合。

3　慢慢加入1混合，並以篩網過篩。

4　覆蓋保鮮膜後，放入冰箱靜置8個小時以上。

5　在烤模中塗上一層厚厚的奶油。或融化蜂蠟，倒入烤模後再倒置。

6　將蘭姆酒和煉乳加入已回溫的4的麵糊中混合均勻。

7　將6倒入烤模至約9分滿，再放入烤箱中，以210℃烘烤約50分鐘，請確實烘烤至呈現焦茶色；輕敲時會發出叩叩聲響為止。

8　出爐後立即脫模，並放置於網架上散熱。

9　於凹陷處內倒入煉乳，再以咖啡豆巧克力作裝飾即完成。

牛奶糖可露麗

以市售牛奶糖製作，作法相當簡單

材料（大可露麗烤模4個份）

牛奶……250ml

奶油……10g

精製細砂糖……50g

蛋……1顆

低筋麵粉……50g

蘭姆酒……1大匙

牛奶糖（市售品）……3顆

裝飾用

┌ 牛奶糖（市售品）……3顆

└ 煉乳……1大匙

蜂蠟或奶油……適量

事前準備

○ 將低筋麵粉過篩備用。

○ 事先將用於麵糊的牛奶糖切成細碎狀。

○ 在麵糊回復至室溫前，將烤箱預熱至210℃。

作法

1　將牛奶、奶油一同放入鍋中，加熱至即將沸騰後，靜置冷卻。

2　在調理盆中放入精製細砂糖，加入蛋後以打蛋器充分攪拌，再倒入事先過篩好的低筋麵粉，輕輕混合。

3　慢慢加入1混合，並以篩網過篩。

4　覆蓋保鮮膜後，放入冰箱靜置8個小時以上。

5　在烤模中塗上一層厚厚的奶油。或融化蜂蠟，倒入烤模後再倒置。

6　將蘭姆酒加入已回溫的4的麵糊中混合均勻。

7　將6倒入烤模至約9分滿，再放入烤箱中，以210℃烘烤約50分鐘（烘烤10分鐘後，就將切碎的牛奶糖加入麵糊中），請確實烘烤至呈現焦茶色；輕敲時會發出叩叩聲響為止。

8　出爐後立即脫模，並放置於網架上散熱。

9　在耐熱容器中放入牛奶糖和煉乳（a），微波加熱30秒使其融化。充分攪拌後（b），再倒入可露麗的凹陷處內即完成。

a

b

蘭姆葡萄可露麗

以蘭姆酒呈現成熟韻味

材料（大可露麗烤模4個份）

牛奶……250ml

奶油……10g

精製細砂糖……50g

蛋……1顆

低筋麵粉……50g

蘭姆酒……1大匙

蘭姆葡萄乾……50g

　　※在50g葡萄乾中加入3大匙蘭姆酒，浸漬1週使

　　　其入味。

裝飾用

　　打發鮮奶油……適量

蜂蠟或奶油……適量

事前準備

○ 將低筋麵粉過篩備用。

○ 在麵糊回復至室溫前，將烤箱預熱至210℃。

作法

1　將牛奶、奶油一同放入鍋中，加熱至即將沸騰後，靜置冷卻。

2　在調理盆中放入精製細砂糖，加入蛋後以打蛋器充分攪拌，再倒入事先過篩好的低筋麵粉，輕輕混合。

3　慢慢加入1混合，並以篩網過篩。

4　覆蓋保鮮膜後，放入冰箱靜置8個小時以上。

5　在烤模中塗上一層厚厚的奶油。或融化蜂蠟，倒入烤模後再倒置。

6　將蘭姆酒加入已回溫的4的麵糊中混合均勻。

7　先將蘭姆葡萄乾放入烤模中，接著將6倒至約9分滿，，再放入烤箱中，以210℃烘烤約50分鐘，請確實烘烤至呈現焦茶色；輕敲時會發出叩叩聲響為止。

8　出爐後立即脫模，並放置於網架上散熱。

9　橫向切開，再於中間處放入打發的鮮奶油即完成。

橘子可露麗

可愛的外觀與柔和的風味而廣受喜愛

材料（大可露麗矽膠烤模4個份）

牛奶……250ml

奶油……10g

精製細砂糖……50g

蛋……1顆

低筋麵粉……50g

蘭姆酒……1大匙

糖漬橙皮（切塊狀）……20g

裝飾用

　橘子……2顆

蜂蠟或奶油……適量

事前準備

○ 將低筋麵粉過篩備用。

○ 在麵糊回復至室溫前，將烤箱預熱至210℃。

作法

1　將牛奶、奶油一同放入鍋中，加熱至即將沸騰後，靜置冷卻。

2　在調理盆中放入精製細砂糖，加入蛋後以打蛋器充分攪拌，再倒入事先過篩好的低筋麵粉輕輕混合。

3　慢慢加入1混合，並以篩網過篩。

4　覆蓋保鮮膜後，放入冰箱靜置8個小時以上。

5　在烤模中塗上一層厚厚的奶油。或融化蜂蠟，倒入烤模後再倒置。

6　將蘭姆酒加入已回溫的4的麵糊中混合均勻。

7　先將糖漬橙皮放入烤模中，接著將6倒至9分滿，再放入去皮對切的橘子（a），最後放入烤箱中，以210℃烘烤約50分鐘。

8　出爐後立即脫模，並放置於網架上散熱即完成。

a

29

可可碎粒可露麗

開心享受可可豆的口感與苦甜的風味

材料（大可露麗烤模4個份）

牛奶……250ml

可可碎粒……30g

奶油……10g

即溶咖啡……2小匙

可可粉……1小匙

精製細砂糖……50g

蛋……1顆

低筋麵粉……50g

蘭姆酒……1大匙

裝飾用

　可可粉……適量

蜂蠟或奶油……適量

事前準備

○ 將低筋麵粉過篩備用。

○ 在麵糊回復至室溫前，將烤箱預熱至210℃。

作法

1　將牛奶、可可碎粒一同放入鍋中（a），再加入奶油、即溶咖啡和可可粉，加熱至即將沸騰後，直接靜置冷卻。

2　在調理盆中放入精製細砂糖，加入蛋後以打蛋器充分攪拌，再倒入事先過篩好的低筋麵粉，輕輕混合。

3　慢慢加入1混合。※無需以篩網過篩。

4　覆蓋保鮮膜後，放入冰箱靜置8個小時以上。

5　在烤模中塗上一層厚厚的奶油。或融化蜂蠟，倒入烤模後再倒置。

6　將蘭姆酒加入已回溫的4的麵糊中混合均勻。

7　將6倒入烤模至約9分滿，再放入烤箱中，以210℃烘烤約50分鐘，請確實烘烤至呈現焦茶色；輕敲時會發出叩叩聲響為止。若過程中出現快要燒焦的情況，請以鋁箔紙包覆烤模（b）。

8　出爐後立即脫模，並放置於網架上散熱。

9　倒置於盤中，再從上方撒上可可粉即完成。

 a

 b

可可碎粒

將可可豆打碎成薄片狀。具有優秀的健康美容功效，被稱作超級食物。

楓糖可露麗

自然的溫和甜味可以療癒人心

材料（大可露麗烤模4個份）

牛奶……225ml

楓糖漿……25ml

奶油……10g

精製細砂糖……25g

蛋……1顆

低筋麵粉……50g

蘭姆酒……1大匙

裝飾用

　　楓糖漿・糖粉……各適量

蜂蠟或奶油……適量

事前準備

○ 將低筋麵粉過篩備用。

○ 在麵糊回復至室溫前，將烤箱預熱至210℃。

作法

1　將牛奶、楓糖漿、奶油一同放入鍋中，加熱至即將沸騰後，靜置冷卻。

2　在調理盆中放入精製細砂糖，加入蛋後以打蛋器充分攪拌，再倒入事先過篩好的低筋麵粉，輕輕混合。

3　慢慢加入1混合，並以篩網過篩。

4　覆蓋保鮮膜後，放入冰箱靜置8個小時以上。

5　在烤模中塗上一層厚厚的奶油。或融化蜂蠟，倒入烤模後再倒置。

6　將蘭姆酒加入已回溫的4的麵糊中混合均勻。

7　將6倒入烤模至約9分滿，再放入烤箱中，以210℃烘烤約50分鐘，請確實烘烤至呈現焦茶色；輕敲時會發出叩叩聲響為止。

8　出爐後立即脫模，並放置於網架上散熱。

9　於可露麗的凹陷處倒入楓糖漿，再撒上糖粉即完成。

米香可露麗

特意以在法國廣受歡迎的米香作裝飾

材料（大可露麗烤模4個份）

牛奶……250ml

奶油……10g

精製細砂糖……50g

蛋……1顆

低筋麵粉……50g

蘭姆酒……1大匙

米香（riz soufflé）……4大匙

裝飾用

　糖粉……適量

蜂蠟或奶油……適量

事前準備

○ 將低筋麵粉過篩備用。

○ 在麵糊回復至室溫前，將烤箱預熱至210℃。

※米香／將米等穀物施加壓力後，再一口氣減壓使其
　膨脹的傳統零嘴。

作法

1　將牛奶和奶油一同放入鍋中，加熱至即將沸騰後，靜置冷
　　卻。

2　在調理盆中放入精製細砂糖，加入蛋後以打蛋器充分攪拌，
　　再倒入事先過篩好的低筋麵粉，輕輕混合。

3　慢慢加入1混合，並以篩網過篩。

4　覆蓋保鮮膜後，放入冰箱靜置8個小時以上。

5　在烤模中塗上一層厚厚的奶油。或融化蜂蠟，倒入烤模後
　　再倒置。

6　將蘭姆酒加入已回溫的4的麵糊中混合均勻。

7　將6倒入烤模至約9分滿，再放入米香，接著放入烤箱中，
　　以210℃烘烤約50分鐘，請確實烘烤至呈現焦茶色；輕敲
　　時會發出叩叩聲響為止。

8　出爐後立即脫模，並放置於網架上散熱。

9　倒置於盤中，再從上方撒上糖粉即完成。

藍莓可露麗

擁有鮮明果酸味的迷人風味

材料（大可露麗烤模5個份）

牛奶……250ml

奶油……10g

精製細砂糖……50g

蛋……1顆

低筋麵粉……50g

蘭姆酒……1大匙

藍莓（冷凍）……200g

裝飾用

　藍莓果醬（市售品）……適量

　糖粉……適量

蜂蠟或奶油……適量

事前準備

○ 將低筋麵粉過篩備用。

○ 在麵糊回復至室溫前，將烤箱預熱至210℃。

作法

1　將牛奶和奶油一同放入鍋中，加熱至即將沸騰後，直接靜置冷卻。

2　在調理盆中放入精製細砂糖，加入蛋後以打蛋器充分攪拌，再倒入事先過篩好的低筋麵粉，輕輕混合。

3　慢慢加入1混合，並以篩網過篩。

4　覆蓋保鮮膜後，放入冰箱靜置8個小時以上。

5　在烤模中塗上一層厚厚的奶油。或融化蜂蠟，倒入烤模後再倒置。

6　將蘭姆酒加入已回溫的4的麵糊中混合均勻。

7　先將藍莓放入烤模中，再將6倒至約9分滿，接著放入烤箱中，以210℃烘烤約50分鐘，請確實烘烤至呈現焦茶色；輕敲時會發出叩叩聲響為止。

8　出爐後立即脫模，並放置於網架上散熱。

9　於可露麗凹陷處放入藍莓果醬，再撒上糖粉即完成。

以可露麗麵糊作一道美味的法國點心！

克拉芙緹 (clafoutis)

材料（6個份）

牛奶……250ml

奶油……10g

精製細砂糖……50g

蛋……1顆

低筋麵粉……50g

蘭姆酒……1大匙

藍莓（冷凍）……100g

作法

1　參照上方的藍莓可露麗麵糊作法製作（但麵糊不需靜置）。

2　將麵糊倒入耐熱容器中，再放上藍莓，接著放入已預熱至180℃的烤箱中，烘烤約20分鐘。

※克拉芙緹（clafoutis）／法國利穆贊地區的傳統點心。原本的作法是在可麗餅麵糊
　上倒入鋪滿的黑櫻桃等水果，再放入烤箱中烘烤，最後撒上砂糖即完成。

Column ①

以可露麗烤模
也能作出這樣
的點心!

牛奶寒天

一切開,濃郁的牛奶就如熔岩般流出,宛如高級布瑞達起司的點心。

材料(大可露麗烤模4個份)

牛奶……400ml

寒天粉……4g

煉乳……50ml

作法

1　在鍋中倒入牛奶,並加入寒天粉混合均勻,再以中火加熱。沸騰後一邊攪拌,一邊熬煮約2分鐘。

2　留下2大匙於鍋中,再將剩餘的1倒入事先以水沾濕的可露麗烤模中,等待冷卻凝固。

3　以小湯匙將底部中央挖空,並倒入煉乳。

4　將留在鍋中的寒天液重新加熱融化,並倒於挖空部位的上方,使其覆蓋表層。並在表面塗抹少許,再次等待冷卻凝固。

裝飾款可露麗

當我看到白色可露麗的材料時，覺得與「克拉芙緹」或「卡士達醬」十分相似，這也是讓我想試著製作變化款的契機。若是使用可露麗作法，或許會作出帶有布列塔尼Far Breton（布丁蛋糕）般彈嫩的口感，也能享受素材的顏色！當時腦海中浮現這樣的靈感。與傳統可露麗相較之下，此款可露麗烘烤的時間較短，可輕鬆愉快地製作。

38

檸檬優格可露麗

鮮嫩檸檬的香氣讓人念念不忘

材料（大可露麗烤模4個份）
牛奶……150ml
奶油……10g
精製細砂糖……50g
蛋……1顆
低筋麵粉……50g
優格（原味）……100ml
檸檬皮（磨碎）……½顆
蘭姆酒……1大匙
裝飾用
　┌ 檸檬……1顆
　└ 瀝水優格……適量
蜂蠟或奶油……適量

事前準備
○ 將低筋麵粉過篩備用。
○ 在麵糊回復至室溫前，將烤箱預熱至210℃。

作法
1　將牛奶和奶油一同放入鍋中，加熱至即將沸騰後，靜置冷卻。
2　在調理盆中放入精製細砂糖，加入蛋後以打蛋器充分攪拌，再倒入事先過篩好的低筋麵粉，輕輕混合。
3　慢慢加入1混合，並以篩網過篩。
4　覆蓋保鮮膜後，放入冰箱靜置8個小時以上。
5　在烤模中塗上一層厚厚的奶油。或融化蜂蠟，倒入烤模後再倒置。
6　將優格、檸檬皮和蘭姆酒加入已回溫的4的麵糊中混合均勻。
7　將6倒入烤模至約9分滿，再放入烤箱中，以210℃烘烤約50分鐘。
8　出爐後立即脫模，並放置於網架上散熱。
9　將檸檬切成半月形，再以菜刀切入果肉與皮之間超過一半。並在表皮上劃出約5道切痕（a），使其從一頭立起（b）。
10　將8的可露麗倒置，再放上瀝水優格和9的裝飾即完成。

杏桃可露麗

適合當成派對餐點或禮物

裝飾款可露麗

材料（大可露麗烤模4個份）
牛奶……250ml
奶油……10g
精製細砂糖……50g
蛋……1顆
低筋麵粉……50g
蘭姆酒……1大匙
杏桃乾（切丁）……30g
裝飾用
　杏桃（罐頭）……1罐
蜂蠟或奶油……適量

作法
★　參照左側「檸檬優格可露麗」的製作方法，從事前準備到作法1至5皆相同。
6　將蘭姆酒加入已回溫的4的麵糊中混合均勻。
7　先將杏桃丁放入烤模中，再將6倒至9分滿，接著放入烤箱中，以210℃烘烤約50分鐘。
8　出爐後立即脫模，並放置於網架上散熱。
9　取2組各為半顆裝飾用的杏桃，分別斜向切片。將第1組一點一點稍微錯開後從一端捲起（c），再組合上第2組製作成玫瑰狀（d）。
10　在8上放置9的裝飾即完成。

a

b

c

d

蘋果肉桂可露麗

以蘋果玫瑰作裝飾的可愛款可露麗

材料（大可露麗矽膠烤模4個份）

牛奶……250ml

奶油……10g

精製細砂糖……50g

蛋……1顆

低筋麵粉……50g

肉桂粉……少許

蘭姆酒……1大匙

裝飾用

　蘋果……1顆

　糖粉・肉桂粉……各適量

蜂蠟或奶油適量

事前準備

◯ 將低筋麵粉和肉桂粉混合過篩備用。

◯ 在麵糊回復至室溫前，將烤箱預熱至210℃。

作法

1　將牛奶和奶油一同放入鍋中，加熱至即將沸騰後，靜置冷卻。

2　在調理盆中放入精製細砂糖，加入蛋後以打蛋器充分攪拌，再倒入事先過篩好的粉類，輕輕混合。

3　慢慢加入1混合，並以篩網過篩。

4　覆蓋保鮮膜後，放入冰箱靜置8個小時以上。

5　在烤模中塗上一層厚厚的奶油。或融化蜂蠟，倒入烤模後再倒置。

6　將蘭姆酒加入已回溫的4的麵糊中混合均勻。

7　將6倒入烤模至約一半的高度，再放入烤箱中，以210℃烘烤約30分鐘。

8　利用烘烤的時間製作裝飾用蘋果玫瑰。將蘋果對切去芯，再切成薄片（a）。接著覆蓋保鮮膜，微波加熱約1分鐘。最後將蘋果薄片一片片地捲起，互相交錯重疊，製作成玫瑰狀（b）。

9　在7中放入8（c），並將剩餘麵糊倒入間隙中，烘烤20分鐘。若過程中出現快要燒焦的情況，請以鋁箔紙覆蓋。

10　出爐後立即脫模，並放置於網架上散熱。

11　盛裝於容器中，再撒上糖粉與肉桂粉即完成。

a

b

c

巧克力淋面可露麗

可享受彈牙口感和可愛顏色的白色可露麗，作法十分簡單！

材料（小可露麗矽膠烤模8個份）

精製細砂糖……50g

蛋……1顆

低筋麵粉……50g

牛奶……250ml

奶油……10g

蘭姆酒……2大匙

裝飾用

┌ 片裝巧克力……適量
└ 轉印紙……適量

沙拉油……適量

事前準備

○ 將低筋麵粉過篩備用。

○ 將烤箱預熱至180℃。

作法

1 在調理盆中放入精製細砂糖，加入蛋後以打蛋器充分攪拌，再倒入事先過篩好的低筋麵粉輕輕混合。

2 慢慢加入牛奶混合（a），並以篩網過篩。

3 在鍋中倒入2，一邊攪拌，一邊以中火加熱至呈現濃稠狀（b）。關火，再加入奶油和蘭姆酒混合均勻。

4 在烤模中塗上沙拉油，將3倒入至烤模開口處，接著放入烤箱中，以180℃烘烤約15分鐘。

5 放在烤模中冷卻，待完全冷卻後再脫模。

6 將片裝巧克力放入耐熱容器中，微波加熱20秒。在半融化的狀態下充分攪拌至完全融化，且呈現滑順感為止。

7 在轉印紙上以湯匙倒入少許的6，再壓上可露麗的平整面（c），靜置冷卻後再慢慢撕下即完成（d）。

東加豆可露麗

甜美的異國香氣令人一吃就上癮

材料（小可露麗矽膠烤模8個份）

牛奶……250ml

奶油……10g

東加豆……5粒
熱水……30ml

精製細砂糖……50g

蛋……1顆

低筋麵粉……50g

蘭姆酒……1大匙

裝飾用

東加豆……8粒

蜂蠟或奶油……適量

事前準備

○ 將低筋麵粉過篩備用。

○ 將東加豆敲碎，再以熱水泡開，引出香氣後備用。

○ 在麵糊回復至室溫前，將烤箱預熱至210℃。

作法

1　將牛奶、奶油及泡水備用的東加豆一同放入鍋中，加熱至即將沸騰後，靜置冷卻。

2　在調理盆中放入精製細砂糖，加入蛋後以打蛋器充分攪拌，再倒入事先過篩好的低筋麵粉輕輕混合。

3　慢慢加入1混合，並以篩網過篩。

4　覆蓋保鮮膜後，放入冰箱靜置8個小時以上。

5　在烤模中塗上一層厚厚的奶油。或融化蜂蠟，倒入烤模後再倒置。

6　將蘭姆酒加入已回溫的4的麵糊中混合均勻。

7　將6倒入烤模至約9分滿，再放入烤箱中，以210℃烘烤約50分鐘。

8　出爐後立即脫模，並放置於網架上散熱。最後於凹陷處以東加豆作裝飾即完成。

東加豆
香味近似香草，濃郁且帶有深度。常被使用於增添冰淇淋或布丁的香氣。

覆盆子可露麗

帶有迷人色彩的成熟甘甜風味

材料（小可露麗矽膠烤模8個份）

精製細砂糖……50g

蛋……1顆

低筋麵粉……50g

牛奶……250ml

奶油……10g

蘭姆酒……1大匙

覆盆子（冷凍）……100g

沙拉油……適量

事前準備

○ 將低筋麵粉過篩備用。

○ 將烤箱預熱至180℃。

作法

1 在調理盆中放入精製細砂糖，加入蛋後以打蛋器充分攪拌，再倒入事先過篩好的低筋麵粉輕輕混合。

2 慢慢加入牛奶混合（a），並以篩網過篩。

3 在鍋中倒入2，一邊攪拌，一邊以中火加熱至呈現濃稠狀。關火，再加入奶油和蘭姆酒混合均勻。

4 在烤模中塗上沙拉油，將覆盆子和3倒入至烤模開口處，放入烤箱中，以180℃烘烤約15分鐘。

5 直接放在烤模中冷卻，待完全冷卻後脫模即完成。

杏仁可露麗

帶有令人歡欣的香氣與酥脆的口感

材料（大可露麗烤模4個份）

牛奶……250ml

奶油……10g

精製細砂糖……50g

蛋……1顆

低筋麵粉……50g

蘭姆酒……1大匙

裝飾用

┌ 杏仁片……50g

└ 精製細砂糖……2大匙

蜂蠟或奶油……適量

事前準備

○ 將低筋麵粉過篩備用。

○ 在麵糊回復至室溫前，將烤箱預熱至210℃。

作法

1 將牛奶和奶油一起放入鍋中，加熱至即將沸騰後，靜置冷卻。

2 在調理盆中放入精製細砂糖，加入蛋後以打蛋器充分攪拌，再倒入事先過篩好的低筋麵粉輕輕混合。

3 慢慢加入1混合，並以篩網過篩。

4 覆蓋保鮮膜後，放入冰箱靜置8個小時以上。

5 在烤模中塗上一層厚厚的奶油。或融化蜂蠟，倒入烤模後再倒置。

6 將蘭姆酒加入已回溫的4的麵糊中混合均勻。

7 將6倒入烤模至約8分滿，再放入烤箱中，以210℃烘烤約30分鐘。

8 在7中放入杏仁片，並撒上精製細砂糖（a），再倒入剩餘麵糊（b），烘烤約20分鐘。

9 出爐後立即脫模，並放置於網架上散熱。

10 倒置盛放於容器上即完成。

開心果可露麗

擁有迷人的獨特風味與鮮豔綠意

材料（中可露麗矽膠烤模6個份）

精製細砂糖……50g

蛋……1顆

低筋麵粉……50g

牛奶……250ml

開心果醬……30g

去殼開心果……適量

裝飾用

┌ 去殼開心果……適量
└ 糖粉……適量

沙拉油……適量

事前準備

○ 將低筋麵粉過篩備用。

○ 將烤箱預熱至180℃。

作法

1　在調理盆中放入精製細砂糖，加入蛋後以打蛋器充分攪拌，再倒入事先過篩好的低筋麵粉，輕輕混合。

2　慢慢加入牛奶混合，並以篩網過篩。

3　在鍋中倒入2，一邊攪拌，一邊以中火加熱至呈現濃稠狀。

4　在3中加入開心果醬充分混合（a）。

5　在烤模中塗上沙拉油，再將去皮開心果和4倒入至烤模開口處，並以抹刀將表面抹平（b）。

7　放入烤箱中，以180℃烘烤約30分鐘。

8　放在烤模中冷卻，待完全冷卻後再脫模。

9　盛盤，並於凹陷處以去皮開心果作裝飾，最後再撒上糖粉即完成。

a  　b

雙層可露麗

以甘納許作裝飾，外型宛如蛋糕般可愛

材料（大可露麗矽膠烤模4個份）

精製細砂糖……50g

蛋……1顆

低筋麵粉……50g

牛奶……250ml

奶油……10g

蘭姆酒……1大匙

可可粉……5g

裝飾用

　奶油起司甘納許

　┌ 奶油起司……50g
　└ 片狀巧克力……20g

沙拉油……適量

事前準備

○ 將低筋麵粉過篩備用。

○ 將烤箱預熱至180℃。

作法

1　在調理盆中放入精製細砂糖，加入蛋後以打蛋器充分攪拌，再倒入事先過篩好的低筋麵粉，輕輕混合。

2　慢慢加入牛奶混合，並以篩網過篩。

3　在鍋中倒入2，一邊攪拌，一邊以中火加熱至呈現濃稠狀。關火，再加入奶油和蘭姆酒混合均勻。

4　從3的麵糊中取⅓，加入可可粉後充分混合均勻（a）。

5　在烤模中塗上沙拉油，倒入4的麵糊（b），接著在上方倒入3的麵糊，並以抹刀將表面抹平（c）。

6　放入烤箱中，以180℃烘烤約30分鐘。

7　直接放在烤模中冷卻，待完全冷卻後再脫模。

8　製作奶油起司甘納許。在調理盆中放入奶油起司，再加入隔水加熱後融化的片狀巧克力（d），並將兩者充分混合均勻。

9　將8倒入裝有星形花嘴的擠花袋中，擠在7的可露麗凹陷處即完成。

黃檸檬可露麗

清爽的檸檬風味在口中緩緩蔓延

材料（小可露麗矽膠烤模8個份）

精製細砂糖……50g

蛋……1顆

低筋麵粉……50g

牛奶……250ml

奶油……10g

蘭姆酒……1大匙

檸檬汁……1大匙

裝飾用

　檸檬糖霜

　┌ 糖粉……2大匙

　└ 檸檬汁……¼小匙

　檸檬皮切絲……適量

沙拉油……適量

事前準備

◯ 將低筋麵粉過篩備用。

◯ 將烤箱預熱至180℃。

作法

1　在調理盆中放入精製細砂糖，加入蛋後以打蛋器充分攪拌，再倒入事先過篩好的低筋麵粉，輕輕混合。

2　慢慢加入牛奶混合，並以篩網過篩。

3　在鍋中倒入2，一邊攪拌，一邊以中火加熱至呈現濃稠狀。關火，再加入奶油、蘭姆酒和檸檬汁混合均勻。

4　在烤模中塗上沙拉油，再將3倒入至烤模開口處，接著放入烤箱中，以180℃烘烤約5分鐘。

5　在烤模中冷卻，待完全冷卻後再脫模。

6　製作檸檬糖霜。在調理盆中放入糖粉，再慢慢加入檸檬汁（a），並使用湯匙等工具將其充分混合（b）。
　　※硬度藉由添加糖粉或檸檬汁作調整。

7　將糖霜調成濃稠狀後淋在5上，再以檸檬皮切絲作裝飾即完成。

藥膳可露麗

大量使用具有美容效果的枸杞

材料（中可露麗矽膠烤模6個份）

精製細砂糖……20g

蛋白……50g

低筋麵粉……50g

杏仁霜……2大匙

牛奶……250ml

枸杞……20粒

裝飾用

　　枸杞、糖粉……各適量

沙拉油……適量

事前準備

○ 將低筋麵粉、杏仁霜混合過篩備用。

○ 將烤箱預熱至180℃。

作法

1　在調理盆中放入精製細砂糖，加入蛋白後以打蛋器充分攪拌，再倒入事先過篩好的粉類輕輕混合。

2　慢慢加入牛奶混合，並以篩網過篩。

3　在鍋中倒入2，一邊攪拌，一邊以中火加熱至呈現濃稠狀。關火，再加入枸杞。

4　在烤模中塗上沙拉油，再將3倒入至烤模開口處，接著放入烤箱中，以180℃烘烤約15分鐘。

5　直接放在烤模中冷卻，待完全冷卻後再脫模。

6　於凹陷處放入枸杞，再撒上糖粉即完成。

裝飾款可露麗

椰子可露麗

可享受酥脆的口感與甜美的香氣

材料（小可露麗矽膠烤模8個份）

精製細砂糖……50g

蛋白……50g

低筋麵粉……50g

椰奶……250ml

蘭姆酒……2大匙

裝飾用

┌ 煉乳……2大匙

└ 椰絲……50g

沙拉油……適量

作法

1　在調理盆中放入精製細砂糖，加入蛋白後以打蛋器充分攪拌，再倒入事先過篩好的低筋麵粉，輕輕混合。

2　慢慢加入椰奶混合，並以篩網過篩。

3　在鍋中倒入2，一邊攪拌，一邊以中火加熱至呈現濃稠狀。關火，再加入蘭姆酒混合均勻。

4　在烤模中塗上沙拉油，再將3倒入至烤模開口處，接著放入烤箱中，以180℃烘烤約15分鐘。

5　放在烤模中冷卻，待完全冷卻後再脫模。

6　以刷子塗上煉乳，再沾附上裝飾用椰絲即完成。

事前準備

○ 將低筋麵粉過篩備用。

○ 將裝飾用椰絲預先放入烤箱中，以170℃烘烤3分鐘。

○ 將烤箱預熱至180℃。

55

棒棒糖風可露麗

以巧克力和堅果作裝飾，帶有木棒的時髦款可露麗

材料（小可露麗矽膠烤模8個份）

精製細砂糖……50g

蛋……1顆

低筋麵粉……50g

牛奶……250ml

蘭姆酒……1大匙

裝飾用

　　白巧克力……40g

　　沙拉油……½小匙

　堅果碎粒……適量

木棒……8根

沙拉油……適量

事前準備

○ 將低筋麵粉過篩備用。

○ 將烤箱預熱至180℃。

作法

1　在調理盆中放入精製細砂糖，加入蛋後以打蛋器充分攪拌，再倒入事先過篩好的低筋麵粉輕輕地混合。

2　慢慢地加入牛奶混合，並以篩網過篩。

3　在鍋中倒入2，一邊攪拌，一邊以中火加熱至呈現濃稠狀。關火，再加入蘭姆酒混合均勻。

4　在烤模中塗上沙拉油，再將3倒入至烤模開口處，接著放入烤箱中，以180℃烘烤約10分鐘。

5　直接放在烤模中冷卻，待完全冷卻後再脫模。

6　將白巧克力隔水加熱融化，並加入沙拉油混合，接著以湯匙淋在5上（a）。

7　趁巧克力未乾時，撒上堅果碎粒（b），再插入木棒即完成。

a 　b

以可露麗烤模
也能作出這樣
的點心！

中空巧克力

從內部滾出驚喜的神奇巧克力

材料（小可露麗矽膠烤模5個份）
苦甜巧克力……100g
輕鬆調溫素（粉狀）……3g
裝飾銀珠……適量

作法

1　將苦甜巧克力放入耐熱容器中，微波加熱30秒。呈半融狀後就充分攪
　　拌，並加入輕鬆調溫素，持續攪拌至呈現滑順感為止。

2　將1以湯匙在烤盤紙上薄薄地推開成和可露麗烤模底部相同大小的形
　　狀，並等待凝固。

3　將剩餘的1分別倒入各個可露麗烤模中，裝至開口處為止。為了使中
　　間產生空洞，需立刻倒置，讓內部的巧克力流出。接著倒放於烤盤紙
　　上等待凝固。

4　將巧克力脫模，並於內部放入銀珠，再以融化巧克力，與當成底部的
　　2黏合即完成。

和風款可露麗

在可露麗中放入抹茶、黃豆粉、黑芝麻、櫻花、黑糖和甘酒等香氣迷人的和風素材,呈現宛如和菓子般的風味吧!充滿懷舊感的溫和滋味不僅令人感到相當放鬆,也很適合作為招待客人的點心或贈禮。一起來享受日式與西式的美妙組合吧!

抹茶紅豆餡可露麗

和風&西洋的美味合作

材料（大可露麗烤模6個份）

牛奶……250ml

奶油……10g

精製細砂糖……50g

抹茶……2大匙

蛋……1顆

低筋麵粉……50g

蘭姆酒……1大匙

紅豆羊羹（市售品）……100g

裝飾用

　抹茶……適量

蜂蠟或奶油……適量

事前準備

○ 將低筋麵粉過篩備用。

○ 將紅豆羊羹事先切成6等分方塊狀。

○ 在麵糊回復至室溫前，將烤箱預熱至210℃。

作法

1　將牛奶和奶油一同放入鍋中，加熱至即將沸騰後，直接靜置冷卻。

2　在調理盆中加入精製細砂糖，接著放入抹茶（a），並將兩者充分混合。

3　加入蛋後以打蛋器充分攪拌，再倒入事先過篩好的麵粉，輕輕地攪拌。

4　慢慢加入1混合，並以篩網過篩。

5　覆蓋保鮮膜後，放入冰箱靜置8個小時以上。

6　在烤模中塗上一層厚厚的奶油。或融化蜂蠟，倒入烤模後再倒置。

7　將蘭姆酒加入已回溫的5的麵糊中混合均勻。

8　將7倒入烤模至約9分滿，並放入切成方塊狀的紅豆羊羹（b）。

9　放入烤箱中，以210℃烘烤約50分鐘，確實烘烤至呈現焦茶色；輕敲時會發出叩叩聲響為止。

10　出爐後立即脫模，並放置於網架上散熱，最後再撒上抹茶即完成。

a 　b

豆漿可露麗

擁有溫和的甘甜滋味與美麗的大理石花紋

材料（中可露麗矽膠烤模4個份）

精製細砂糖……50g

蛋白……50g

低筋麵粉……50g

豆漿……250ml

蘭姆酒……1大匙

片裝巧克力……20g

裝飾用

　片裝巧克力……20g

沙拉油……適量

事前準備

○ 將低筋麵粉過篩備用。

○ 將烤箱預熱至180℃。

作法

1　在調理盆中放入精製細砂糖，加入蛋白後以打蛋器充分攪拌，再倒入事先過篩好的低筋麵粉輕輕混合。

2　慢慢加入豆漿混合，並以篩網過篩。

3　在鍋中倒入2，一邊攪拌，一邊以中火加熱至呈現濃稠狀。關火，再加入蘭姆酒與片裝巧克力混合均勻。

4　在烤模中塗上沙拉油，再將3倒入至烤模開口處，放入烤箱中，以180℃烘烤約15分鐘。

5　放在烤模中冷卻，待完全冷卻後再脫模。

6　將裝飾用片裝巧克力以60℃隔水加熱融化，再倒入5的凹陷處即完成。

甘酒可露麗

濕潤彈牙、被甘酒的柔和甜味所包圍

材料（大可露麗矽膠烤模4個份）

精製細砂糖……50g

蛋……1顆

低筋麵粉……50g

牛奶……60ml

甘酒……190ml

奶油……10g

糖漬柚子皮（切塊）……10g

裝飾用

　糖漬柚子皮、薄荷、糖粉……各適量

沙拉油……適量

事前準備

○ 將低筋麵粉過篩備用。

○ 將烤箱預熱至180℃。

作法

1　在調理盆中放入精製細砂糖，加入蛋後以打蛋器充分攪拌，再倒入事先過篩好的低筋麵粉，輕輕混合。

2　慢慢加入牛奶混合，並以篩網過篩。

3　在鍋中倒入2，再加入甘酒，一邊攪拌，一邊以中火加熱至呈現濃稠狀。關火，再加入奶油與糖漬柚子皮混合均勻。

4　在烤模中塗上沙拉油，再將3倒入至烤模開口處，接著放入烤箱中，以180℃烘烤約30分鐘。

5　直接放在烤模中冷卻，待完全冷卻後再脫模。

6　從距離頂端1cm處的下方橫切，夾入薄荷葉。再於上方撒上糖粉，最後挖出一塊圓形柚子皮放置在凹陷處即完成。

紅豆可露麗

可以甘納豆替紅豆風味提升美味層級

材料（小可露麗矽膠烤模8個份）

精製細砂糖……50g

蛋白……50g

低筋麵粉……50g

紅豆粉（無糖）……40g

牛奶……250ml

奶油……10g

蘭姆酒……1大匙

裝飾用

　甘納豆・紅豆粉……各適量

沙拉油……適量

事前準備

○ 將低筋麵粉和紅豆粉混合過篩備用。

○ 將烤箱預熱至180℃。

作法

1　在調理盆中放入精製細砂糖，加入蛋白後以打蛋器充分攪拌，再倒入事先過篩好的粉類輕輕混合。

2　慢慢加入牛奶混合，並以篩網過篩。

3　在鍋中倒入2，一邊攪拌，一邊以中火加熱至呈現濃稠狀。關火，再加入奶油和蘭姆酒混合均勻。

4　在烤模中塗上沙拉油，再將3倒入至烤模開口處，接著放入烤箱中，以180℃烘烤約10分鐘。

5　放在烤模中冷卻，待完全冷卻後再脫模。

6　於凹陷處以甘納豆作裝飾，再撒上紅豆粉即完成。

米粉可露麗

在外脆內軟的口感中添加米粉的彈牙感

材料（大可露麗烤模6個份）

牛奶……250ml

精製細砂糖……50g

蛋……1顆

米粉……50g

蘭姆酒……1大匙

蜂蠟或奶油……適量

事前準備

○ 將米粉過篩備用。

○ 在麵糊回復至室溫前，將烤箱預熱至210℃。

作法

1　將牛奶放入鍋中，加熱至即將沸騰後，直接靜置冷卻。

2　在調理盆中放入精製細砂糖，加入蛋後以打蛋器充分攪拌，再倒入事先過篩好的米粉輕輕混合。

3　慢慢加入1混合，並以篩網過篩。

4　覆蓋保鮮膜後，放入冰箱靜置8個小時以上。

5　在烤模中塗上一層厚厚的奶油。或融化蜂蠟，倒入烤模後再倒置。

6　將蘭姆酒加入已回溫的4的麵糊中混合均勻。

7　將6倒入烤模至約9分滿，再放入烤箱中，以210℃烘烤約50分鐘，請確實烘烤至呈現焦茶色，且輕敲時會發出叩叩聲響為止。

8　出爐後立即脫模，並放置於網架上散熱即完成。

櫻花風味可露麗

飄散著櫻花香氣，宛如和菓子般的可露麗

材料（大可露麗矽膠烤模4個份）

精製細砂糖……50g

蛋白……50g

低筋麵粉……50g

牛奶……250ml

鹽漬櫻花……20g

裝飾用

└ 櫻葉……4片

└ 鹽漬櫻花……4朵

沙拉油……適量

事前準備

○ 將低筋麵粉過篩備用。

○ 將鹽漬櫻花事先泡水，去除鹹味。接著將麵糊用的部分大略切碎，裝飾用的部分則拭乾水分。

○ 將烤箱預熱至180℃。

作法

1 在調理盆中放入精製細砂糖，加入蛋白後以打蛋器充分攪拌，再倒入事先過篩好的低筋麵粉，輕輕混合。

2 慢慢加入牛奶混合（a），並以篩網過篩。

3 在鍋中倒入2，一邊攪拌，一邊以中火加熱至呈現濃稠狀。關火，再加入切碎的鹽漬櫻花（c）混合均勻。

4 在烤模中塗上沙拉油，再將3倒入至烤模開口處（d），接著放入烤箱中，以180℃烘烤約15分鐘。

5 放在烤模中冷卻，待完全冷卻後再脫模。

6 貼附櫻葉，並於凹陷處以櫻花作裝飾即完成。

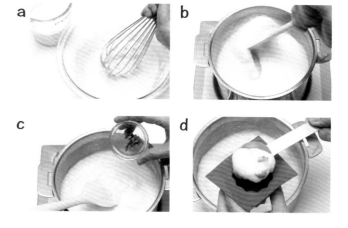

黑豆可露麗

被黑豆高雅的風味所吸引

材料（大可露麗烤模6個份）

牛奶……250ml

奶油……10g

精製細砂糖……50g

蛋……1顆

低筋麵粉……50g

蘭姆酒……1大匙

水煮黑豆（市售品）……40g

裝飾用

　水煮黑豆……6粒

蜂蠟或奶油……適量

事前準備

○ 將低筋麵粉過篩備用。

○ 在麵糊回復至室溫前，將烤箱預熱至210℃。

作法

1　將牛奶和奶油一同放入鍋中，加熱至即將沸騰後，靜置冷卻。

2　在調理盆中放入精製細砂糖，加入蛋後以打蛋器充分攪拌，再倒入事先過篩好的低筋麵粉，輕輕混合。

3　慢慢加入1混合，並以篩網過篩。

4　覆蓋保鮮膜後，放入冰箱靜置8個小時以上。

5　在烤模中塗上一層厚厚的奶油。或融化蜂蠟，倒入烤模後再倒置。

6　將蘭姆酒加入已回溫的4的麵糊中混合均勻。

7　將黑豆放入烤模中，再將6倒入烤模至約9分滿，接著放入烤箱中，以210℃烘烤約30分鐘。

8　出爐後立即脫模，並放置於網架上散熱。

9　於凹陷處放入黑豆即完成。

黑芝麻可露麗

滿滿的黑芝麻，香氣四溢

材料（大可露麗烤模6個份）

牛奶……250ml

芝麻醬（黑）……60g

精製細砂糖……50g

蛋白……50g

低筋麵粉……50g

蘭姆酒……1大匙

裝飾用

　芝麻粉（黑）……適量

蜂蠟或奶油……適量

事前準備

○ 將低筋麵粉過篩備用。

○ 在麵糊回復至室溫前，將烤箱預熱至210℃。

作法

1　將牛奶和芝麻醬一同放入鍋中，加熱至即將沸騰後，直接靜置冷卻。

2　在調理盆中放入精製細砂糖，加入蛋白後以打蛋器充分攪拌，再倒入事先過篩好的低筋麵粉輕輕混合。

3　慢慢加入1混合，並以篩網過篩。

4　覆蓋保鮮膜後，放入冰箱靜置8個小時以上。

5　在烤模中塗上一層厚厚的奶油。或融化蜂蠟，倒入烤模後再倒置。

6　將蘭姆酒加入已回溫的4的麵糊中混合均勻。

7　將6倒入烤模至約9分滿，再放入烤箱中，以210℃烘烤約50分鐘，確實烘烤至呈現焦茶色；輕敲時會發出叩叩聲響為止。

8　出爐後立即脫模，並放置於網架上散熱，最後從上方撒上芝麻粉即完成。

生薑柳橙可露麗

搭配性絕佳的迷人組合

材料（大可露麗矽膠烤模4個份）

牛奶……250ml

奶油……10g

精製細砂糖……50g

蛋……1顆

低筋麵粉……50g

蘭姆酒……1大匙

蜜漬生薑（參考下述）……20g

糖漬橙皮（切塊）……20g

裝飾用

　柳橙……適量

蜂蠟或奶油……適量

事前準備

○ 將低筋麵粉過篩備用。

○ 在麵糊回復至室溫前，將烤箱預熱至210℃。

作法

1　將牛奶和奶油一同放入鍋中，加熱至即將沸騰後，靜置冷卻。

2　在調理盆中放入精製細砂糖，加入蛋後以打蛋器充分攪拌，再倒入事先過篩好的低筋麵粉輕輕混合。

3　慢慢加入1混合，並以篩網過篩。

4　覆蓋保鮮膜後，放入冰箱靜置8個小時以上。

5　在烤模中塗上一層厚厚的奶油。或融化蜂蠟，倒入烤模後再倒置。

6　將蘭姆酒加入已回溫的4的麵糊中混合均勻。

7　將蜜漬生薑與糖漬橙皮放入烤模中，並將6倒入烤模至約9分滿，接著放入烤箱中，以210℃烘烤約50分鐘。

8　出爐後立即脫模，並放置於網架上散熱。

9　將裝飾用柳橙的兩頭切除，先切2道深至一半的刀痕後再切下（a），並在連接處切一道深至中心的刀痕（b），最後將切開部分往左右扭轉（c）。

10　將9裝飾在8的上方即完成。

蜜漬生薑
將蜂蜜（2大匙）加入生薑細絲（20g）中，浸漬數日。

a

b

c

梅子可露麗

充滿清爽感的成熟風甜點

材料（中可露麗矽膠烤模6個份）

牛奶……250ml

奶油……10g

精製細砂糖……50g

蛋……1顆

低筋麵粉……50g

梅酒……1大匙

梅酒果實（切塊）……6顆

蜂蠟或奶油……適量

事前準備

○ 將低筋麵粉過篩備用。

○ 在麵糊回復至室溫前，將烤箱預熱至210℃。

作法

1　將牛奶和奶油一同放入鍋中，加熱至即將沸騰後，靜置冷卻。

2　在調理盆中放入精製細砂糖，加入蛋後以打蛋器充分攪拌，再倒入事先過篩好的低筋麵粉輕輕混合。

3　慢慢加入1混合，並以篩網過篩。

4　覆蓋保鮮膜後，放入冰箱靜置8個小時以上。

5　在烤模中塗上一層厚厚的奶油。或融化蜂蠟，倒入烤模後再倒置。

6　將梅酒加入已回溫的4的麵糊中混合均勻。

7　將梅酒果實放入烤模中，並將6倒入烤模至約9分滿，接著放入烤箱中，以210℃烘烤約50分鐘。請確實烘烤至呈現焦茶色；輕敲時會發出叩叩聲響為止。

8　出爐後立即脫模，並放置於網架上散熱即完成。

南瓜可露麗

營養滿分！顏色也很迷人！

材料（中可露麗矽膠烤模6個份）

精製細砂糖……50g

蛋……1顆

低筋麵粉……50g

牛奶……250ml

南瓜泥……50g

奶油……10g

蘭姆酒……1大匙

冷凍南瓜（切塊）……100g

裝飾用

　南瓜籽‧糖粉……各適量

沙拉油……適量

事前準備

○ 將低筋麵粉過篩備用。

○ 將烤箱預熱至180℃。

作法

1　在調理盆中放入精製細砂糖，加入蛋後以打蛋器充分攪拌，再倒入事先過篩好的低筋麵粉，輕輕混合。

2　慢慢加入牛奶與南瓜泥混合，並以篩網過篩。

3　在鍋中倒入2，一邊攪拌，一邊以中火加熱至呈現濃稠狀。關火，再加入奶油、蘭姆酒和南瓜切塊混合均勻。

4　在烤模中塗上沙拉油，再將3倒入至烤模開口處，接著放入烤箱中，以180℃烘烤約15分鐘。

5　放在烤模中冷卻，待完全冷卻後再脫模。

6　於凹陷處以南瓜籽作裝飾，最後再撒上糖粉即完成。

黑糖核桃可露麗

可品嚐出天然素材的自然美味

材料（大可露麗烤模6個份）

牛奶……250ml

奶油……10g

黑糖……50g

蛋……1顆

低筋麵粉……50g

蘭姆酒……1大匙

核桃（烤熟）……20g

裝飾用

　黃豆粉‧核桃（烤熟）……各適量

蜂蠟或奶油……適量

事前準備

○ 將低筋麵粉過篩備用。

○ 將用於麵糊的核桃切成塊狀。

○ 在麵糊回復至室溫前，將烤箱預熱至210℃。

作法

1　將牛奶和奶油一同放入鍋中，加熱至即將沸騰後，靜置冷卻。

2　在調理盆中放入黑糖，加入蛋後以打蛋器充分攪拌，再倒入事先過篩好的低筋麵粉，輕輕混合。

3　慢慢加入1混合，並以篩網過篩。

4　覆蓋保鮮膜後，放入冰箱靜置8個小時以上。

5　在烤模中塗上一層厚厚的奶油。或融化蜂蠟，倒入烤模後再倒置。

6　將蘭姆酒加入已回溫的4的麵糊中混合均勻。

7　將核桃放入烤模中，並將6倒入烤模至約9分滿，接著放入烤箱中，以210℃烘烤約50分鐘。請確實烘烤至呈現焦茶色；輕敲時會發出叩叩聲響為止。

8　出爐後立即脫模，並放置於網架上散熱。

9　撒上黃豆粉，再將核桃裝飾於凹陷處即完成。

栗子可露麗

加入栗子顆粒的奢華版可露麗

材料（大可露麗烤模6個份）

牛奶……250ml

奶油……10g

精製細砂糖……50g

蛋……1顆

低筋麵粉……50g

蘭姆酒……1大匙

甘栗（去殼）……100g

裝飾用

　巧克力醬・甘栗・糖粉……各適量

蜂蠟或奶油……適量

事前準備

○ 將低筋麵粉過篩備用。

○ 在麵糊回復至室溫前，將烤箱預熱至210℃。

作法

1　將牛奶和奶油一同放入鍋中，加熱至即將沸騰後，靜置冷卻。

2　在調理盆中放入精製細砂糖，加入蛋後以打蛋器充分攪拌，再倒入事先過篩好的低筋麵粉，輕輕混合。

3　慢慢加入1混合，並以篩網過篩。

4　覆蓋保鮮膜後，放入冰箱靜置8個小時以上。

5　在烤模中塗上一層厚厚的奶油。或融化蜂蠟，倒入烤模後再倒置。

6　將蘭姆酒加入已回溫的4的麵糊中混合均勻。

7　將切成塊狀的甘栗放入烤模中，並將6倒入烤模至約9分滿，接著放入烤箱中，以210℃烘烤約30分鐘。

8　出爐後立即脫模，並放置於網架上散熱。

9　擠上巧克力醬，再放上甘栗，最後撒上糖粉即完成。

以可露麗烤模
也能作出這樣
的點心！

夏洛特

起司的濃郁滋味和覆盆子特有的酸味形成絕妙搭配

材料（大可露麗烤模4個份）

土司（8片裝）……4片

覆盆子（冷凍）……100g

奶油起司……100g

砂糖……20g

吉利丁片……3g

優格（原味）……100g

裝飾用

　覆盆子……4顆

　細葉芹……適量

事前準備

○ 將吉利丁片以水泡軟備用。

○ 將覆盆子放入調理盤中事先解凍。

作法

1　將土司切除邊緣後，放入調理盤中，使其一面吸收覆盆子汁液的顏色。接著將著色面朝外，再放入可露麗烤模中。

2　在調理盆中將奶油起司和細砂糖混合並攪拌至柔軟。

3　在2中加入隔水加熱後融化的吉利丁片，並攪拌至呈滑順感，接著再加入優格繼續攪拌。

4　將3倒入1的烤模中，並放入冰箱冷卻固定。

5　脫模盛盤，再裝飾上覆盆子與細葉芹即完成。

鹹味款可露麗

波爾多的人們會以可露麗配茶,偶爾也會取代正餐食用,據說也有不甜的可露麗款式。以下將介紹類似鹹派的餐點風可露麗。因為麵糊不甜,所以適合搭配各種食材。吃起來內部柔軟彈嫩,口感十足。無論是早餐、午餐或下酒菜都很合適。

鮪魚可露麗

略帶鹹味的可露麗，很適合早餐或午餐

材料（中可露麗矽膠烤模6個份）

精製細砂糖……10g

蛋……1顆

低筋麵粉……50g

牛奶……250ml

白酒……1大匙

橄欖油……1大匙

鹽・胡椒……各少許

高達起司……50g

香芹（麵糊・裝飾用）……適量

鮪魚罐頭……1罐

萵苣・貝比生菜等……適量

沙拉油……適量

事前準備

○ 將低筋麵粉過篩備用。

○ 將起司切成方塊狀、香芹則略微切碎備用。

○ 將鮪魚罐頭事先瀝乾油分。

○ 將烤箱預熱至180℃。

作法

1 在調理盆中放入精製細砂糖，加入蛋後以打蛋器充分攪拌，再倒入事先過篩好的低筋麵粉，輕輕混合。

2 慢慢加入牛奶混合，並以篩網過篩。

3 在鍋中倒入2，一遍攪拌，一邊以中火加熱至呈現濃稠狀。關火，再加入白酒、橄欖油、鹽和胡椒混合均勻。

4 在烤模中塗上沙拉油，將3倒入至烤模的一半，並加入高達起司（a）。

5 加入香芹，並將剩餘的3倒入，再抹平表面（b），接著放上去油的鮪魚（c）。

6 放入烤箱中，以180℃烘烤約15分鐘。

7 放在烤模中冷卻，待完全冷卻後再脫模，再撒上香芹。

8 與萵苣和貝比生菜等配料一起盛盤即完成。

a

b

c

香草可露麗

清爽的香氣令人難以忘懷

材料（小可露麗烤模8個份）

牛奶……250ml

精製細砂糖……10g

蛋……1顆

低筋麵粉……50g

白酒……1大匙

百里香（大略切碎）……2枝

起司絲……30g

蜂蠟或奶油……適量

事前準備

○ 將低筋麵粉過篩備用。

○ 在麵糊回復至室溫前，將烤箱預熱至210℃。

作法

1 將牛奶放入鍋中，加熱至即將沸騰後，靜置冷卻。

2 在調理盆中放入精製細砂糖，加入蛋後以打蛋器充分攪拌，再倒入事先過篩好的低筋麵粉，輕輕混合。

3 慢慢加入1混合，並以篩網過篩。

4 覆蓋保鮮膜後，放入冰箱靜置8個小時以上。

5 在烤模中塗上一層厚厚的奶油。或融化蜂蠟，倒入烤模後再倒置。

6 將白酒、百里香和起司絲加入已回溫的4的麵糊中混合均勻。

7 將6倒入烤模至約9分滿，再放入烤箱中，以210℃烘烤約50分鐘，請確實烘烤至呈現焦茶色；輕敲時會發出叩叩聲響為止。

8 出爐後立即脫模，並放置於網架上散熱即完成。

培根可露麗

不僅鮮甜且份量滿點

材料（大可露麗矽膠烤模5個份）

精製細砂糖……10g

蛋……1顆

蛋黃……1顆

低筋麵粉……50g

牛奶……250ml

培根（粗切）……50g

起司絲……30g

白酒……1大匙

裝飾用

  培根……適量

沙拉油……適量

事前準備

○ 將低筋麵粉過篩備用。

○ 將裝飾用的培根以平底鍋乾煎至呈現酥脆狀。

○ 將烤箱預熱至180℃。

作法

1 在調理盆中放入精製細砂糖，加入蛋和蛋黃後以打蛋器充分攪拌。

2 倒入事先過篩好的低筋麵粉，輕輕混合。

3 慢慢加入牛奶混合，並以篩網過篩。

4 在鍋中倒入3，一邊攪拌，一邊以中火加熱至呈現濃稠狀。關火，再加入培根、起司絲和白酒混合均勻。

5 在烤模中塗上沙拉油，再將4倒入至烤模開口處，接著放入烤箱中，以180℃的烤箱烘烤約15分鐘。

6 放在烤模中冷卻，待完全冷卻後再脫模，最後點綴上裝飾用培根即完成。

起司可露麗

滿滿的起司最適合在剛出爐時享用

材料（大可露麗烤模4個份）

牛奶……250ml

精製細砂糖……10g

蛋……1顆

低筋麵粉……50g

白酒……1大匙

起司絲（切細碎）……50g

裝飾用

　　起司絲（切細碎）……30g

蜂蠟或奶油……適量

事前準備

○ 將低筋麵粉過篩備用。

○ 在麵糊回復至室溫前，將烤箱預熱至210℃。

作法

1　將牛奶放入鍋中，加熱至即將沸騰後，靜置冷卻。

2　在調理盆中放入精製細砂糖，加入蛋後以打蛋器充分攪拌，再倒入事先過篩好的低筋麵粉，輕輕混合。

3　慢慢加入1混合，並以篩網過篩。

4　覆蓋保鮮膜後，放入冰箱靜置8個小時以上。

5　在烤模中塗上一層厚厚的奶油。或融化蜂蠟，倒入烤模後倒置。

6　將白酒、起司絲加入已回溫的4的麵糊中混合均勻。

7　將6倒入烤模至約9分滿，再放入烤箱中，以210℃烘烤約50分鐘，請確實烘烤至呈現焦茶色；輕敲時會發出叩叩聲響為止。

8　出爐後立即脫模，再放上裝飾用起司，接著放入烤箱中，以180℃烘烤2分鐘，等起司融化即完成。

橄欖可露麗

相當推薦作為搭配紅酒的下酒菜

材料（中可露麗矽膠烤模6份）

精製細砂糖……10g

蛋……1顆

低筋麵粉……50g

牛奶……250ml

白酒……1大匙

黑橄欖（切成塊狀）……20g

起司絲……30g

櫛瓜（切成5mm方塊狀）……50g

裝飾用

　黑橄欖……適量

沙拉油……適量

事前準備

○ 將低筋麵粉過篩備用。

○ 將烤箱預熱至180℃。

作法

1　在調理盆中放入精製細砂糖，加入蛋後以打蛋器充分攪拌。倒入事先過篩好的低筋麵粉，輕輕混合。

2　慢慢加入牛奶混合，並以篩網過篩。

3　在鍋中倒入2，一邊攪拌，一邊以中火加熱至呈現濃稠狀。關火，再加入白酒、黑橄欖、起司絲和櫛瓜混合均勻。

4　在烤模中塗上沙拉油，再將3倒入至烤模開口處，接著放入烤箱中，以180℃的烤箱烘烤約60分鐘。

5　放在烤模中冷卻，待完全冷卻後再脫模，最後點綴上裝飾用黑橄欖即完成。

毛豆&奶油起司可露麗

最適合夏季，是搭配性絕佳的美妙組合

材料（大可露麗矽膠烤模5個份）

精製細砂糖……10g

蛋白……50g

低筋麵粉……50g

牛奶……250ml

白酒……1大匙

奶油起司……50g

毛豆（汆燙過並從豆莢裡取出）……30g

裝飾用

　奶油起司・毛豆……各適量

　胡椒……適量

沙拉油……適量

胡蘿蔔沙拉……適量

※將胡蘿蔔以削皮器削成薄片，再加入一撮
　鹽抓醃，最後和法式沙拉醬拌勻。

事前準備

◯ 將低筋麵粉過篩備用。

◯ 將烤箱預熱至180℃。

作法

1　在調理盆中放入精製細砂糖，加入蛋白後以打蛋
　　器充分攪拌。倒入事先過篩好的低筋麵粉，輕輕
　　混合。

2　慢慢加入牛奶混合，並以篩網過篩。

3　在鍋中倒入2，一邊攪拌，一邊以中火加熱至呈
　　現濃稠狀。關火，再加入白酒和奶油起司混合
　　均勻。

4　在烤模中塗上沙拉油，放入毛豆後（a），再將
　　3倒入至烤模開口處，並抹平表面（b）。

5　放入烤箱中，以180℃烘烤約15分鐘。

6　放在烤模中冷卻，待完全冷卻後再脫模。

7　以裝有星形花嘴的擠花袋擠上奶油起司，再放上
　　毛豆，並撒上胡椒。

8　和胡蘿蔔沙拉一起盛盤即完成。

a 　b

玉米可露麗

以咖哩提味可振奮食慾

材料（中可露麗矽膠烤模6個份）

精製細砂糖……10g

蛋……1顆

低筋麵粉……50g

牛奶……250ml

玉米（罐頭）……100g

咖哩粉……½小匙

白酒……1大匙

裝飾用

　玉米（罐頭）……適量

沙拉油……適量

事前準備

○ 將低筋麵粉過篩備用。

○ 在麵糊回復至室溫前，將烤箱預熱至180℃。

作法

1　在調理盆中放入精製細砂糖，加入蛋後以打蛋器充分攪拌，再倒入事先過篩好的低筋麵粉，輕輕混合。

2　慢慢加入牛奶混合，並以篩網過篩。

3　在鍋中倒入2，一邊攪拌，一邊以中火加熱至呈現濃稠狀。再加入玉米、咖哩粉和白酒混合均勻。

4　在烤模中塗上沙拉油，再將3倒入至烤模開口處，接著放入烤箱中，以180℃烘烤約15分鐘。

5　放在烤模中冷卻，待完全冷卻後再脫模。

6　於凹陷處放入玉米即完成。

洛克福起司與無花果可露麗

最適合作為宴客用的前菜

材料（中可露麗矽膠烤模6個份）

牛奶……250ml

精製細砂糖……10g

蛋……1顆

低筋麵粉……50g

白酒……1大匙

洛克福起司（切碎）……50g

無花果乾（粗切）……30g

裝飾用

　洛克福起司・無花果乾・細葉芹……各適量

蜂蠟或奶油……適量

事前準備

○ 將低筋麵粉過篩備用。

○ 在麵糊回復至室溫前，將烤箱預熱至210℃。

作法

1　將牛奶放入鍋中，加熱至即將沸騰後，靜置冷卻。

2　在調理盆中放入精製細砂糖，加入蛋後以打蛋器充分攪拌，再倒入事先過篩好的低筋麵粉，輕輕混合。

3　慢慢加入1混合，並以篩網過篩。

4　覆蓋保鮮膜後，放入冰箱靜置8個小時以上。

5　在烤模中塗上一層厚厚的奶油。或融化蜂蠟，倒入烤模後再倒置。

6　將白酒加入已回溫的4的麵糊中混合均勻。

7　在烤模中放入洛克福起司和無花果乾，再將6倒入烤模至約9分滿，接著放入烤箱中，以210℃烘烤約50分鐘。出爐後立即脫模，並放在網架上散熱。

8　於凹陷處以洛克福起司、無花果乾和細葉芹作裝飾即完成。

番茄可露麗

鮮豔的蔬果色彩帶來活力感

材料（大可露麗矽膠烤模3個份．中3個份）

精製細砂糖……10g

蛋……1顆

低筋麵粉……50g

牛奶……100ml

番茄汁……150ml

新鮮迷迭香（切碎）……少許

白酒……1大匙

小番茄……6顆

裝飾用

　小番茄、新鮮迷迭香……各適量

沙拉油……適量

事前準備

○ 將低筋麵粉過篩備用。

○ 在麵糊回復至室溫前，將烤箱預熱至180℃。

作法

1　在調理盆中放入精製細砂糖，加入蛋後以打蛋器充分攪拌，再倒入事先過篩好的低筋麵粉，輕輕混合。

2　慢慢加入牛奶和番茄汁混合，並以篩網過篩。

3　在鍋中倒入2，一邊攪拌，一邊以中火加熱直到呈現濃稠狀。關火，再加入迷迭香、白酒混合均勻。

4　在烤模中塗上沙拉油，並各放入1顆小番茄，再將3倒入至烤模開口處，接著放入烤箱中，以180℃烘烤約15分鐘。

5　直接放在烤模中冷卻，待完全冷卻後再脫模。

6　於凹陷處放入小番茄，並與迷迭香一起盛盤即完成。

胡蘿蔔可露麗

塞入滿滿胡蘿蔔的健康款可露麗

材料（大可露麗烤模8個份）

牛奶……250ml

精製細砂糖……10g

蛋……1顆

低筋麵粉……50g

白酒……1大匙

胡蘿蔔（氽燙後切成2mm厚圓片狀）……100g

裝飾用

　裝飾用胡蘿蔔裝飾‧香芹……各適量

蜂蠟或奶油……適量

事前準備

○ 將低筋麵粉過篩備用。

○ 預先氽燙製作裝飾用胡蘿蔔。

○ 在麵糊回復至室溫前，將烤箱預熱至210℃。

作法

1　將牛奶放入鍋中，加熱至即將沸騰後，靜置冷卻。

2　在調理盆中放入精製細砂糖，加入蛋後以打蛋器充分攪拌，再倒入事先過篩好的低筋麵粉，輕輕混合。

3　慢慢加入1混合，並以篩網過篩。

4　覆蓋保鮮膜後，放入冰箱靜置8個小時以上。

5　在烤模中塗上一層厚厚的奶油。或融化蜂蠟，倒入烤模後再倒置。

6　將白酒加入已回溫的4的麵糊中混合均勻。

7　將切圓片的胡蘿蔔放入烤模中，再將6倒入至約9分滿，接著放入烤箱中，以210℃烘烤約50分鐘。出爐後立即脫模，並放置於網架上散熱。

8　於凹陷處點綴上裝飾用胡蘿蔔和香芹即完成。

來包裝看看吧！
～emballage～

可愛的可露麗最適合作為小小贈禮。
在此將介紹能簡單完成的創意包裝。

放入禮物盒中

可看到內容物的開窗禮物盒。能放入一個可露麗的尺寸大小相當討喜，
再加上艾菲爾鐵塔的標籤，更是增添不少浪漫的氛圍。

放進蛋盒中

放入使用再生紙作成的蛋盒中（可於雜貨鋪內購得）。由於形狀不會
變形，使用時非常方便。在素色款式上自行描繪插圖也頗具樂趣。以
拉菲草（緩衝包材）和人造花裝飾得相當可愛。

以餐巾紙包裝

以圖案時尚的餐巾紙作簡單包裝。在餐巾紙的正中央放上可露麗,只需要將四邊旋轉扭緊,再以緞帶打結即可。

裝入蠟紙袋內

放入蠟紙袋中贈送。也有可以看見內容物，兼具展示效果的款式。以自製標籤、蕾絲和可愛的綁帶等材料作裝飾，更能提升質感。

裝入冰淇淋盒中

含蓋的冰淇淋杯非常實用。除了方便攜帶之外,也無須擔心可露麗會被擠壓變
形。若是貼上可愛的貼紙,就能變得更加華麗呢!

放入可愛的三角紙盒內

將長方形（正方形的一半）紙張捲成筒狀，以膠帶固定。再將膠帶處放置於正中央，一頭摺起
4mm，以釘書機固定正中央作成袋狀。放入可露麗後，將開口處的摺線相互對齊，再以釘書機
固定，並以綁帶製作提繩，增添可愛感。

烘焙 良品 71

Cannelés de Bordeaux
誕生於法國的天使之鈴

可露麗 (暢銷版)

作　　　者／熊谷真由美
譯　　　者／周欣芃
發　行　人／詹慶和
選　書　人／Eliza Elegant Zeal
執　行　編　輯／李佳穎・陳姿伶
編　　　輯／蔡毓玲・劉蕙寧・黃璟安
封　面　設　計／韓欣恬
美　術　編　輯／陳麗娜・周盈汝
內　頁　排　版／韓欣恬
出　版　者／良品文化館
郵政劃撥帳號／18225950
戶　　　名／雅書堂文化事業有限公司
地　　　址／220新北市板橋區板新路206號3樓
電　子　信　箱／elegant.books@msa.hinet.net
電　　　話／(02)8952-4078
傳　　　真／(02)8952-4084

2018年1月初版一刷
2021年8月二版一刷　　定價 280元

SOTOHA KARITTO, NAKAHA FUNWARI FRANCE・BORDEAUX
UMARENO CHIISANA OKASHI CANNELÉS by Mayumi Kumagai
Copyright © Mayumi Kumagai
　　　　　©Nitto Shoin Honsha Co., Ltd. 2016
All rights reserved.
Original Japanese edition published by Nitto Shoin Honsha Co., Ltd.

This Traditional Chinese language edition is published by
arrangement with Nitto Shoin Honsha Co., Ltd., Tokyo in care of
Tuttle-Mori Agency, Inc., Tokyo
through Keio Cultural Enterprise Co., Ltd., New Taipei City.

經　　　銷／易可數位行銷股份有限公司
地　　　址／新北市新店區寶橋路235巷6弄3號5樓
電　　　話／(02)8911-0825
傳　　　真／(02)8911-0801

國家圖書館出版品預行編目(CIP)資料

可露麗 / 熊谷真由美著；周欣芃譯.
　-- 二版. -- 新北市：良品文化館, 2021.08
　　面；　公分. -- (烘焙良品；71)
　ISBN 978-986-7627-39-1(平裝)

1.點心食譜

427.16　　　　　　　　　　　110011917

staff

企劃・編輯・設計／株式会社ドーヴィル
攝影／高田　隆
擺設配置／五来利恵子
烹飪助理／内海こずえ
編輯總監／編笠屋俊夫
執行・責任編輯／中川　通、渡辺　塁、牧野貴志

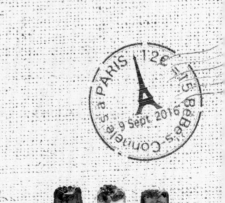

Macrobiotic Dessert

在家輕鬆作

好食味 養生甜點&蛋糕

鬆・軟・棉・密の自然好味！

●無添加蛋・奶・白砂糖
●嚴選植物性當令食材
●全書食譜皆使用有機低筋麵粉

不須繁複打發程序，簡單作輕甜風幸福點心！
以有機豆乳、椰奶取代牛乳；
豆腐取代奶油製作出香醇爽口的養生蛋糕！
本書跳脫傳統養生點心的樸素窠臼，
介紹了瑞士捲、糖霜甜甜圈、戚風蛋糕等看起來精緻可愛的華麗蛋糕，
藉此推廣品味輕甜點心的同時又能兼顧養生的飲食新主張！

上原まり子◎著／定價：280元